食物荣誉证书

武美汐 绘著

人民交通出版社股份有限公司
北 京

荣誉证书

鸡蛋同学：

自"蛋生"以来，该同学一直保持卵磷脂丰富，思维活跃，善于思考，勤于思辨。故授予其"最哲学的食物"称号。

特发此证，以资肯定！

食物鉴察委员会

哲学家的雕塑

鸡蛋告示牌

急救：000

鸡蛋实验室

荣誉证书

洋葱同学：

作为感性的楷模，情绪的风向标，该同学一直以情感的层次丰富著称，在多愁善感方面无人能出其右。故授予其"最感人的食物"称号。

特发此证，以资肯定！

食物鉴察委员会

洋葱出没 小心落泪

收到这个礼物的女生都哭了

为演员准备的哭戏助手

超市随洋葱赠送护目镜

比玫瑰更需要隔离的洋葱

隔离了很久的洋葱

6

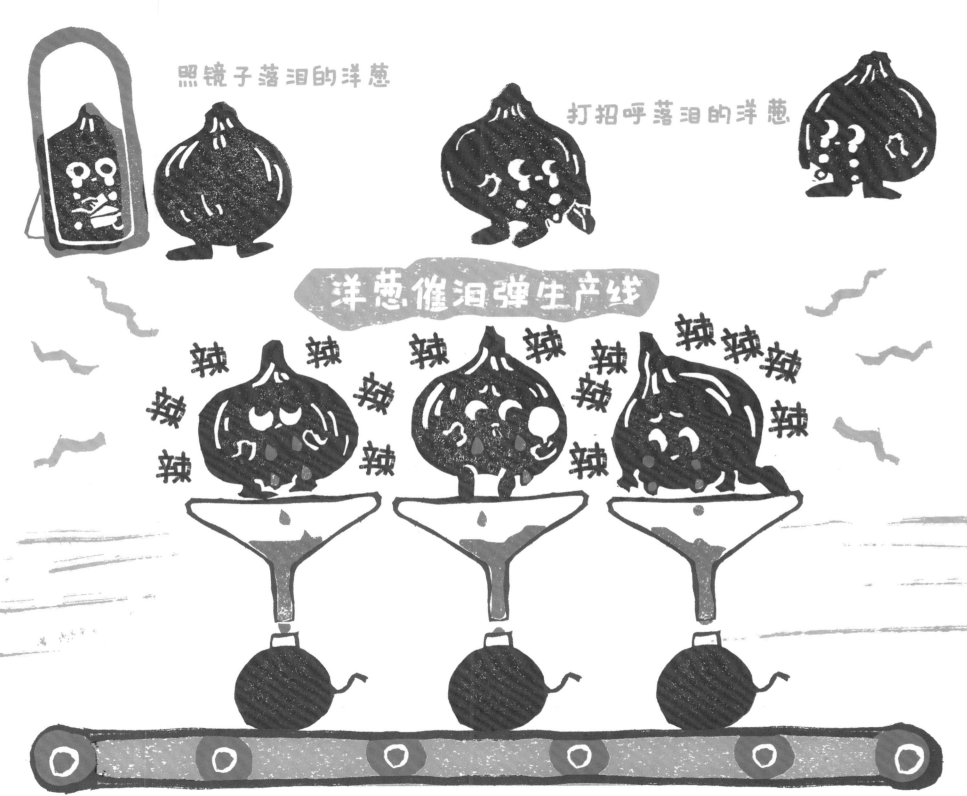

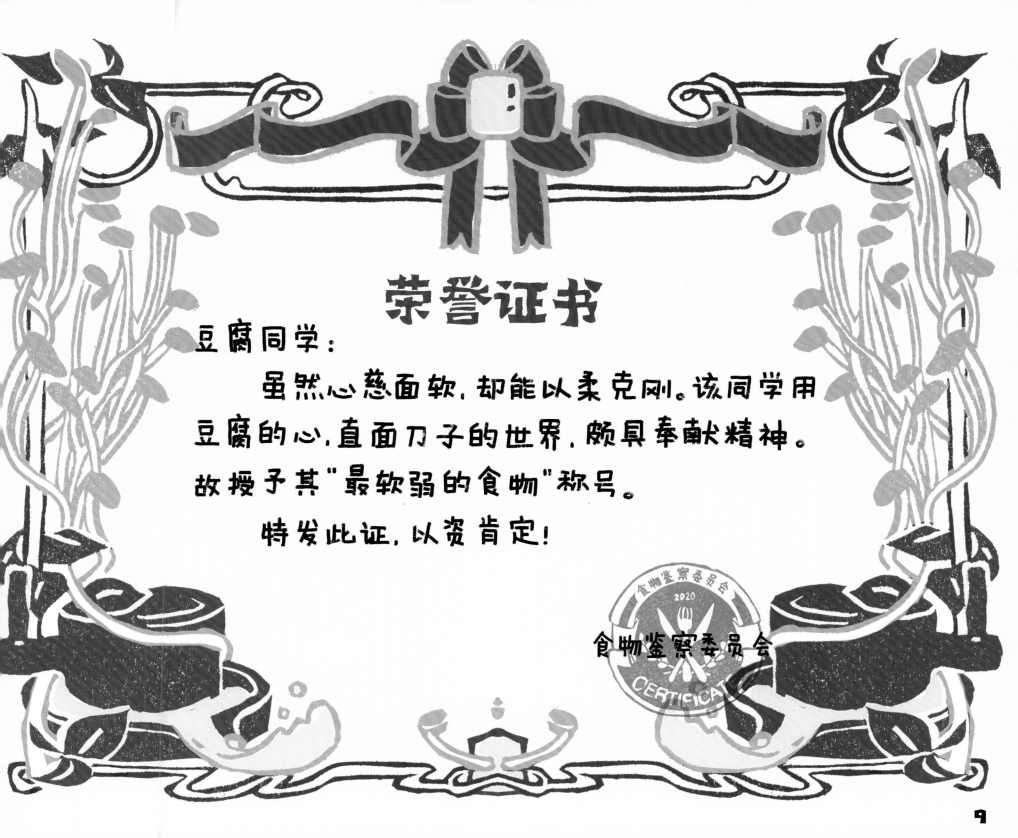

荣誉证书

豆腐同学：

　　虽然心慈面软，却能以柔克刚。该同学用豆腐的心，直面刀子的世界，颇具奉献精神。故授予其"最软弱的食物"称号。

　　特发此证，以资肯定！

食物鉴察委员会

食物鉴察委员会
2020
CERTIFICATE

豆腐上菜板

豆腐祈祷

豆腐见面

豆腐坐公交

因为摔跤引发的事故现场

被视为禁忌的豆腐拳击赛

荣誉证书

曹卜同学：

大腹便便并非空无一物，内涵丰富擅
于表达自我。该同学不鸣则已，一鸣惊人。
故授予其"最擅长放屁的食物"称号。

特发此证，以资肯定！

食物鉴察委员会

在锅里放屁

在袋子里也放屁

萝卜随时都在放屁

在卡车里也放屁

在萝卜地里都放屁

今日特价

在卖场里放屁

14

荣誉证书

核桃同学：

秀外慧中，圆融通达；外表硬朗，内里干脆。该同学从不强人所难，却永远坚持己见。故授予其"最智慧的食物"称号。

特发此证，以资肯定！

食物鉴察委员会

2020
食物鉴察委员会
CERTIFICATE

智慧的诞生

这颗核桃可以让你通过考试啦

培养培养铅笔

裹脑裹脑书本

最后吃掉它

智慧的积累

新型考学护身符

供奉智慧的神坛

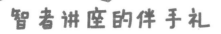

智者讲座的伴手礼

19

荣誉证书

西蓝花同学：

　　摇摇摆摆中别具风格，嘻嘻哈哈里展露才思。该同学一直以来标新立异，独树一帜。故授予其"最嘻哈的食物"称号。

　　特发此证，以资肯定！

食物鉴察委员会

嘻哈西蓝花的爆炸头潮流席卷全球

麻烦再爆炸一点

西蓝花理发店

嘻哈发型的派别

圆的爆炸头

方的爆炸头

随性的爆炸头

还有光头

22

西蓝花逛街

西蓝花乐队

荣誉证书

柚子同学：

从不认生，绝不尬聊，毫不畏惧，绝不为难。
该同学是夸夸其谈的猛士，我行我素的行家。
故授予其"最厚脸皮的食物"称号。

特发此证，以资肯定！

食物鉴察委员会

柚子的采访

每一个柚子都称自己皮薄，其实……

有的皮薄果肉多

有的皮厚果肉少

有的……嘿嘿，忘记长果肉了

柚子的路演

荣誉证书

山药同学：

　　在朴素的"土味"外表下，潜伏着莹莹如玉的内心。该同学表里从不如一，伪装只为付出。故授予其"最能忍耐的食物"称号。

　　特发此证，以资肯定！

食物鉴察委员会

荣誉证书

巾串同学：

今朝大衣紧裹，他日玉树临风。该同学从层层叠叠的包裹里诞生，却从没忘记节节攀升的初心。故授予其"最怕冷的食物"称号。

特发此证，以资肯定！

食物鉴察委员会

食物鉴察委员会
2020
CERTIFICATE

竹笋怕冷的两个证据

证据一

不知道穿了多少层

……

怎么剥不完？

证据二

冬天躲在土里，春天才出来

还是好冷！

也有竹笋一年都不出来

竹笋如厕图

荣誉证书

椰子 同学:

  以坚若磐石的性格漂洋过海,以百折不挠的精神落地生根。该同学硬气过人,值得学习。故授予其"最坚强的食物"称号。

  特发此证,以资肯定!

食物鉴察委员会

食物鉴察委员会 2020 CERTIFICATE

打开椰子的方法

拳击

锤子

锯子

椰子开门！

万能钥匙

这椰子不注意

其实都是骗人的

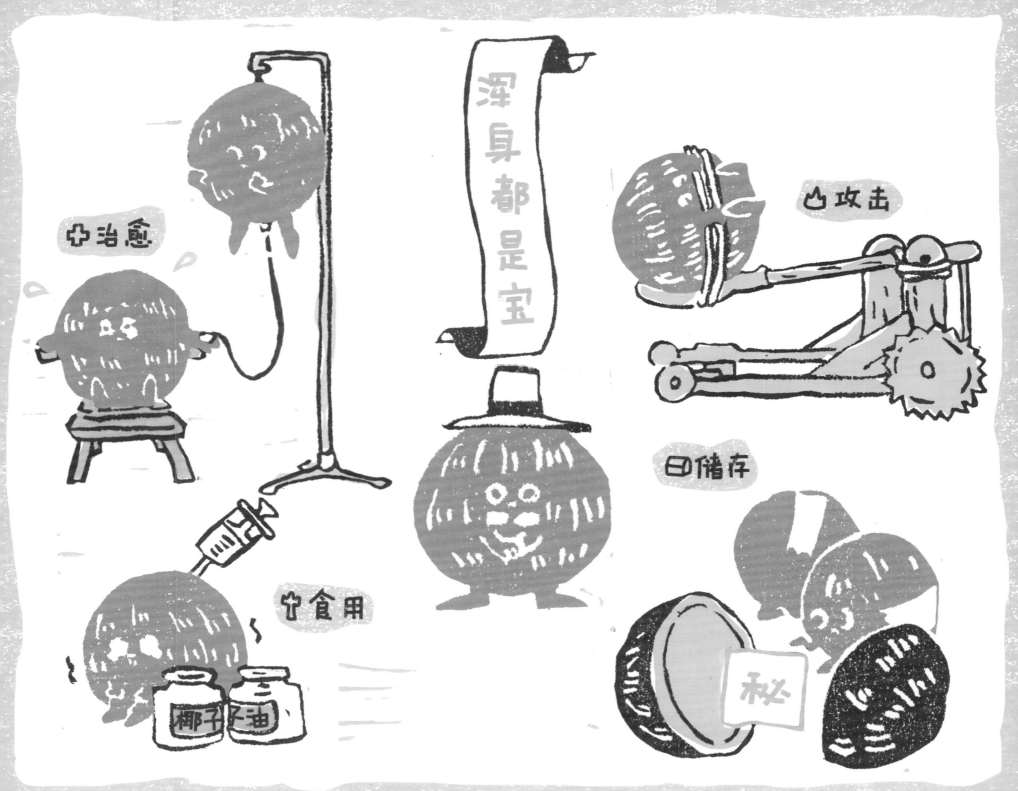

荣誉证书

榴莲同学:

　　知我者谓我香馨，不知我者谓我体臭。

该同学孤高不群，绝不从俗；长尖短刺，从不圆通。故授予其"最难接近的食物"称号。

特发此证，以资肯定！

食物鉴察委员会

"刺头榴莲"臭名昭著

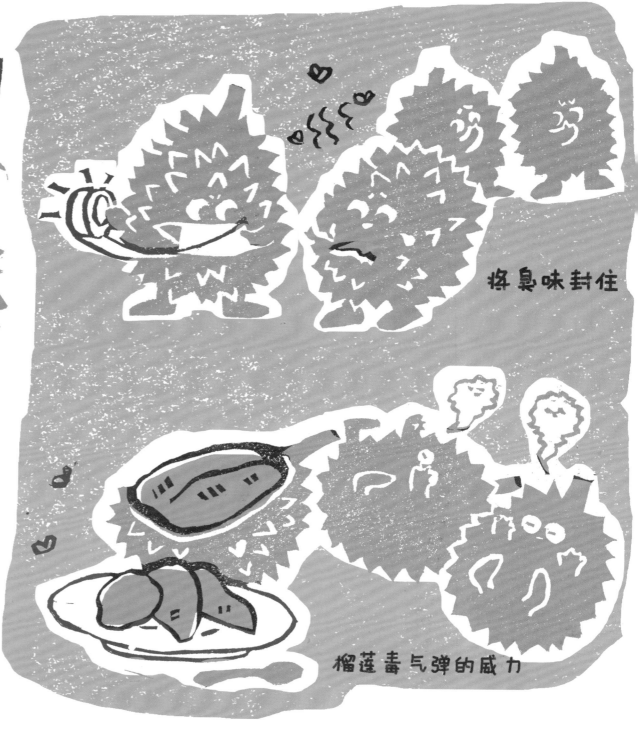

43

荣誉证书

咖啡豆同学：

八面玲珑机灵豆，元气饱满提神豆。该同学一向以神采奕奕、积极向上的面貌示人。故授予其"最清醒的食物"称号。

特发此证，以资肯定！

食物鉴察委员会

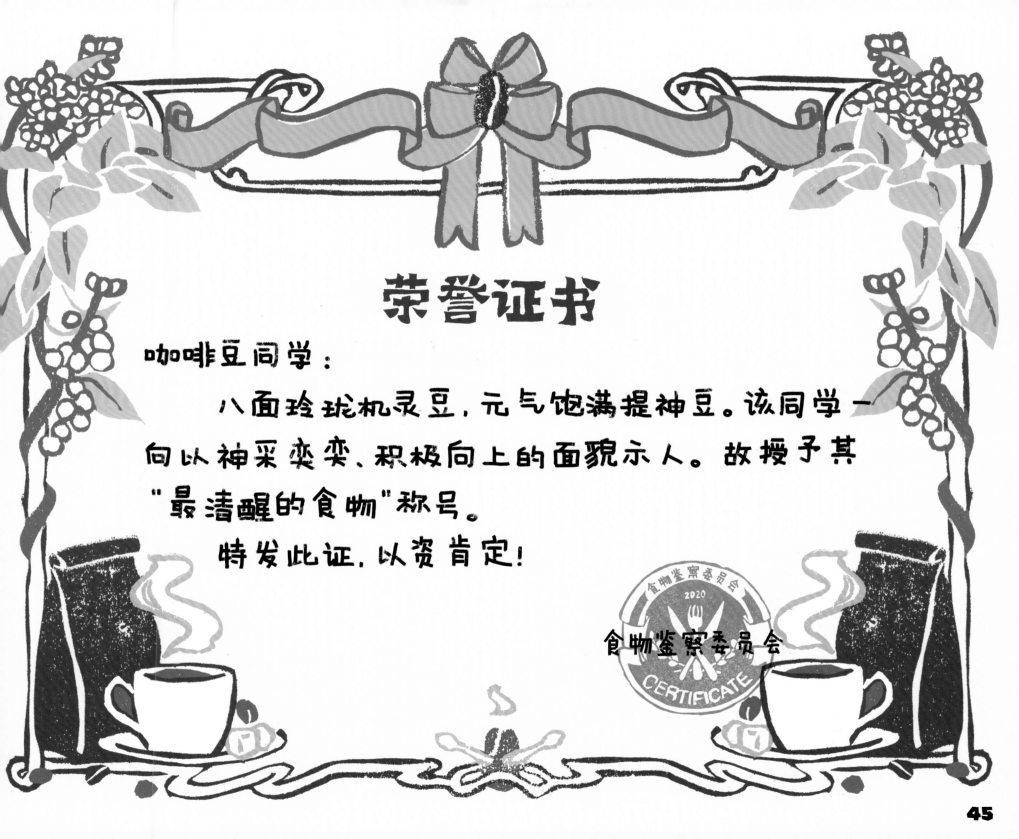

清醒咖啡豆的一年

二月睡不着

四月睡不着

一月睡不着

三月睡不着

五月睡不着

七月睡不着

八月睡不着

六月睡不着

九月睡不着

十月睡不着

十一月睡不着

总是睡不着

46

咖啡豆闹钟

清醒时长被纪录的咖啡豆爷爷

感谢小猫旺仔持续监工
感谢模范室友王瑞雯提供作者肖像画
感谢朋友和家人的支持与鼓励
感谢绘本创作工作室最可爱最负责任的老师们给予的指导与帮助

关于作者

武美汐

四川成都人，毕业于中央美术学院绘本创作工作室。
爱好画画，爱好一切毛茸茸的动物。
愿望是在夏天暴富，这样冬天就可以不用工作了。

图书在版编目（CIP）数据

食物荣誉证书 / 武美汐著 . — 北京：人民交通出
版社股份有限公司 , 2021.3
ISBN 978-7-114-16965-6

Ⅰ.①食… Ⅱ.①武… Ⅲ.①食品—少儿读物 Ⅳ.
① TS2-49

中国版本图书馆 CIP 数据核字 (2020) 第 239982 号

Shiwu Rongyu Zhengshu
书 名：食物荣誉证书
绘 著：武美汐
监 制：邵 江
产品经理：苗 苗
特约编辑：稻 稻
出版统筹：刘楚馨
营 销：吴 迪 赵闻恺 李梦霁
责任编辑：陈力维
装帧设计：王柿原
责任校对：孙国靖 卢 弦
责任印制：刘高彤
出 版：人民交通出版社股份有限公司
地 址：（100011）北京市朝阳区安定门外外馆斜街 3 号
网 址：http://www.ccpcl.com.cn
销售电话：（010）59636983
总 经 销：北京有容书邦文化传媒有限公司
经 销：各地新华书店
印 刷：北京盛通印刷股份有限公司
开 本：889 × 1194 1/12
印 张：4 ⅓
版 次：2021 年 3 月 第 1 版
印 次：2021 年 3 月 第 1 次 印 刷
书 号：ISBN 978-7-114-16965-6
定 价：68.00 元

COOL
KIDS
ONLY

《食物荣誉证书》
《地铁奇妙物语》
《古怪节日嘉年华》
《鸡皮疙瘩故事集》
《翅翅翅翅翅膀》
《轮轮轮轮轮子》
《滴滴滴滴滴滴》
《如何完成比长大更难的事》